国家出版基金项目
NATIONAL PUBLICATION FOUNDATION

记住乡愁

——留给孩子们的中国民俗文化

刘魁立◎主编

第八辑 传统营造辑

本辑主编 刘 托

严 桦◎编著

闽南红房子

黑龙江少年儿童出版社

序

亲爱的小读者们，身为中国人，你们了解中华民族的民俗文化吗？如果有所了解的话，你们又了解多少呢？

或许，你们认为熟知那些过去的事情是大人们的事，我们小孩儿不容易弄懂，也没必要弄懂那些事情。

其实，传统民俗文化的内涵极为丰富，它既不神秘也不深奥，与每个人的关系十分密切，它随时随地围绕在我们身边，贯穿于整个人生的每一天。

中华民族有很多传统节日，每逢节日都有一些传统民俗文化活动，比如端午节吃粽子，听大人们讲屈原为国为民愤投汨罗江的故事；八月中秋望着圆圆的明月，遐想嫦娥奔月、吴刚伐桂的传说，等等。

我国是一个统一的多民族国家，有56个民族，每个民族都有丰富多彩的文化和风俗习惯，这些不同民族的民俗文化共同构筑了中国民俗文化。或许你们听说过藏族长篇史诗《格萨尔王传》

中格萨尔王的英雄气概、蒙古族智慧的化身——巴拉根仓的机智与诙谐、维吾尔族世界闻名的智者——阿凡提的睿智与幽默、壮族歌仙刘三姐的聪慧机敏与歌如泉涌……如果这些你们都有所了解，那就说明你们已经走进了中华民族传统民俗文化的王国。

你们也许看过京剧、木偶戏、皮影戏，看过踩高跷、耍龙灯，欣赏过威风锣鼓，这些都是我们中华民族为世界贡献的艺术珍品。你们或许也欣赏过中国古琴演奏，那是中华文化中的瑰宝。1977年9月5日美国发射的"旅行者1号"探测器上所载的向外太空传达人类声音的金光盘上面，就录制了我国古琴大师管平湖演奏的中国古琴名曲——《流水》。

北京天安门东西两侧设有太庙和社稷坛，那是旧时皇帝举行仪式祭祀祖先和祭祀谷神及土地的地方。另外，在北京城的南北东西四个方位建有天坛、地坛、日坛和月坛，这些地方曾经是皇帝率领百官祭拜天、地、日、月的神圣场所。这些仪式活动说明，我们中国人自古就认为自己是自然的组成部分，因而崇信自然、融入自然，与自然和谐相处。

如今民间仍保存的奉祀关公和妈祖的习俗，则体现了中国人崇尚仁义礼智信、进行自我道德教育的意愿，表达了祈望平安顺达和扶危救困的诉求。

小读者们，你们养过蚕宝宝吗？原产于中国的蚕，真称得上伟大的小生物。蚕宝宝的一生从芝麻粒儿大小的蚕卵算起，中间经历蚁蚕、蚕宝宝、结茧吐丝等过程，到破茧成蛾结束，总共四十余天，却能为我们贡献约一千米长的蚕丝。我国历史悠久的养蚕、丝绸织绣技术自西汉"丝绸之路"诞生那天起就成为东方文明的传播者和象征，为促进人类文明的发展做出了不可磨灭的贡献！

小读者们，你们到过烧造瓷器的窑口，见过工匠师傅们拉坯、上釉、烧窑吗？中国是瓷器的故乡，我们的陶瓷技艺同样为人类文明的发展做出了巨大贡献！中国的英文国名"China"，就是由英文"china"（瓷器）一词转义而来的。

中国的历法、二十四节气、珠算、中医知识体系，都是中华民族传统文化宝库中的珍品。

让我们深感骄傲的中国传统民俗文化博大精深、丰富多彩，课本中的内容是难以囊括的。每向这个领域多迈进一步，你们对历史的认知、对人生的感悟、对生活的热爱与奋斗就会更进一分。

作为中国人，无论你身在何处，那与生俱来的充满民族文化DNA的血液将伴随你的一生，乡音难改，乡情难忘，乡愁恒久。这是你的根，这是你的魂，这种民族文化的传统体现在你身上，是你身份的标识，也是我们作为中国人彼此认同的依据，它作为一种凝聚的力量，把我们整个中华民族大家庭紧紧地联系在一起。

《记住乡愁——留给孩子们的中国民俗文化》丛书，为小读者们全面介绍了传统民俗文化的丰富内容：包括民间史诗传说故事、传统民间节日、民间信仰、礼仪习俗、民间游戏、中国古代建筑技艺、民间手工艺……

各辑的主编、各册的作者，都是相关领域的专家。他们以适合儿童的文笔，选配大量图片，简约精当地介绍每一个专题，希望小读者们读来兴趣盎然、收获颇丰。

在你们阅读的过程中，也许你们的长辈会向你们说起他们曾经的往事，讲讲他们的"乡愁"。那时，你们也许会觉得生活充满了意趣。希望这套丛书能使你们更加珍爱中国的传统民俗文化，让你们为生为中国人而自豪，长大后为中华民族的伟大复兴做出自己的贡献！

亲爱的小读者们，祝你们健康快乐！

刘魁立

二〇一七年十二月

目 录

何处是闽南

| 何处是闽南 |

闽南地区位于福建省的南部，地处中国东南沿海，包括有金三角之称的厦门市、漳州市、泉州市以及三市所辖的区、县等。此外，也包括使用闽南语的部分地区，如广东潮汕局部地区。闽南地理条件优越，历史悠久，人文荟萃，经济繁荣，文化发达，是海上丝绸之路的起点。在这广大区域中，有许多脍炙人口的地方文化和民间艺术，如妈祖祭祀、南音、提线木偶、布袋木偶等，但最典型的地域特征还是红砖建筑。

| 厦门的红房子 |

闽南文化随着中原移民的迁入而逐渐形成，之后又随着闽南人不断移居海外而传播至世界各地。

面朝大海，春暖花开

闽南有着漫长而曲折的海岸线，海洋性的气候和环境条件造就了闽南人勇敢的品格和冒险的精神，也培育了闽南人敢为天下先和乐观向上的性格。面对浩瀚的大海以及不测的风云，人毕竟是渺小而无助的，为了在与大海的搏斗中保佑自己和家人的平安，闽南人也形成了信奉神明的习俗和传统，这使闽南文化既有丰富性，又有一定的保守性。在与海洋抗争的过程中，闽南人从最初的海洋捕捞逐渐发展到后来的海洋贸易，地域文化不断地向外传播和辐射，成就了闽南文化的开放性和多样性特色。

经济与贸易的极大繁荣和区域文化的特殊魅力吸引了阿拉伯人、欧洲人和波斯

| 泉州西街风景 |

4

人纷至沓来，为闽南文化的发展注入了新的活力。到了宋元时期，泉州已经是世界级的大港，吸引了亚洲、非洲乃至欧洲许多国家的客商前来进行贸易和文化交流活动。比如南宋时期的泉州城中出现了按不同民族集中居住的"蕃人巷"（外国人聚居区）；元朝时期的泉州曾经有七座伊斯兰教寺院、三座天主教教堂和多座印度教寺院，可见当时这里的外国人已经非常多，这些都从侧面说明了闽南文化的开放性与包容性。

闽南背山面海，地理上自成一隅，在古代交通相对闭塞的情况下，形成了与中原文化迥异的特质，农耕文化与海洋文化、中原文化与闽越文化、中华文化与外域

泉州开元寺

文化、佛教文化与伊斯兰教文化及基督教文化在这里汇集交融，构成了闽南奇妙而绮丽的风情。

历史悠久，生生不息

福建在秦汉以前一直是蛮荒之地，虽有古闽人在这里刀耕火种，繁衍生息，但社会经济的发展仍大大落后于中原地区，因而被称为"蛮族"。到了春秋时期，这里逐渐形成了七个氏族部落，人称"七闽部落"，这些部落的族人都以蛇为图腾。他们既把蛇敬为神灵，又把蛇奉为自己的祖先，"闽"字中的虫字指的就是蛇，这种信仰一直被保留到今天。

我们说闽南文化是开放

| 马来西亚吉隆坡的宝山亭 |

的文化，源于它是一种移民文化。在唐朝中期和北宋末年，为了躲避中原的战乱，中原人大规模南迁至福建南部，同时带来了中原文化。本来发源于黄河、洛水流域的"河洛语"也在闽南落了脚，俗称闽南话，如今外地人是很难听懂的，但是在唐朝和北宋时期却被当作中国的官方语言得到推广。到了

|保安宫|

|厦门中西结合的闽南建筑|

明清时期，大批闽南人开始远渡重洋，到印尼、新加坡、菲律宾、马来西亚等地谋生，闽南成了东南亚各国华侨华人最重要的祖籍地。通过相互的文化交流，闽南建筑开始借鉴和吸收西方建筑文化的精华部分，形成了沿海地区特有的"中西合璧"式样。泉州、晋江、惠安、石狮等地的民居普遍采用红砖红瓦建造房屋，建筑形式既有官式大厝（院），也有融合南洋与西洋风格的侨居，形式多样，异彩纷呈。

自从秦朝在福建设置闽中郡，便开启了中原文化、吴越文化与闽南文化的融合。后来中原汉族向闽南地区多次大规模的移民，进一

[中西合璧的闽南民居]

泉州城隍庙

步促进了闽南文化的形成和发展。宋元时期的泉州既是东方大港，又是"海上丝绸之路"的启航点，来泉州经商的阿拉伯人与波斯人给闽南文化带来了伊斯兰文化元素；明清时期欧洲商人和传教士的到来，又给闽南传入了西方文化。在对阿拉伯文化、西方文化、南洋文化等外来文化成分兼收并蓄的基础上，闽南文化最终形成了农耕文化和海商文化并重的

地方特色文化，在中华文化体系中独树一帜。

随着海运的发达，四方货物在这里集散，世界各国的"蛮商夷贾"、传教士、探险家、使节、僧侣等接踵而来，进行商贸和文化交流活动。著名的意大利探险家马可·波罗、摩洛哥探险家伊本·白图泰都曾先后到过这里，并为世人留下赞誉刺桐城（泉州）的名篇。外来文化不断融入闽南文化中，

|山东台儿庄天
后宫|

并且在宗教、建筑、戏剧、语言等方面绽放出艳丽的花朵，结出丰硕的果实，闽南文化也同样传播到世界各地。

改革开放以来，随着我国国力的增强，包括闽南文化在内的传统文化得到复兴，闽南建筑伴随着闽南人的海外开拓，重新焕发出耀眼的光彩，如澳门妈祖文化村、台儿庄运河古城天后宫、江苏昆山慧聚寺等，闽南建筑艺术和闽南文化再次走进人们的视线。

红房子的由来

| 红房子的由来 |

中国北方和南方的传统建筑，大都是青砖灰瓦，而闽南建筑则使用被称为"红料"的红砖红瓦，因此闽南地区也被称为"红砖文化区"。闽南的红砖与其他地方的红砖不同，有着自己的特色。闽南红砖质地密实光洁，色彩鲜亮，工匠运用多种砌筑方法，在墙面上拼出福、禄、寿、喜等文字和吉祥图案。有的工匠还采用红砖与白色石块混砌的方法，使墙的外立面生动活泼，丰富多变，给闽南建筑带来一种喜庆、欢快的色彩，表达

| 闽南的红砖文化区 |

|闽南的拼花墙面|

了闽南人对美好生活的向往和追求。

闽南建筑中的红色主调与起源于古罗马的欧洲红砖建筑有一定的共性和关联性，它们都是海洋文化的结晶，是红色土壤和潮湿气候等自然条件孕育的结果。闽

|闽南红砖围栏建筑特写|

南建筑是海外文化与乡土文化相互融合的产物，例如民居中的石雕装饰，就包含着印度建筑、西洋建筑和闽南民间工艺等多种元素。

闽南地区的民居使用的红砖原料是普通黏土，与青砖不同之处在于烧制工艺不同。当砖坯在窑里烧透后，熄火让砖自然冷却，窑中的氧气与砖坯中的铁元素反应生成红色的氧化铁，最后形成的就是红砖；如果不让烧透的砖坯自然冷却，而是突然浇水冷却，就会形成大量水蒸气，使窑内缺乏氧气，于是砖中的铁元素生成青灰色的氧化亚铁，最后形成的就是青砖。

中国人很早就能够烧出红砖，但红砖没有被应用在建筑上，原因是：一、青砖硬度更高，强度更大，更结实耐用；二、传统文化更崇尚中庸含蓄，灰色与自然环境和木构建筑搭配更和谐；三、青砖经过火与水的锻造洗礼，更能体现中国文化的特色。

在闽南地区的晋墓和唐墓中都曾发现过红砖，但这些红砖主要在地下墓室中使用，而没有用于地上建筑。直到宋元时期，才开始有大量纯正的红砖红瓦出现，被广泛用于闽南建筑上。明朝末年，有个叫王世懋的江苏人来福建做官，据他所写的《闽部疏》中记载，泉州和漳州地区的人们用本地土壤烧制黄瓦，并以台风为理由，奏请使用筒瓦，民居犹如皇

生动的屋脊

| 墙体砌筑的
花砖 |

| 闽南民居的砖
石混合砌法 |

红砖红瓦的广泛使用，形成了独特的建筑风格，也造就了闽南泥瓦匠的崇高地位，闽南建筑应用的红砖系列，从屋面到墙面再到地面多达几十种，由此产生了屋面铺瓦、立面砌墙和地面铺砖的不同工艺，营造出不拘一格的红砖大厝（院）。"出砖入石""蚵壳厝"等独创砌筑技艺更值得称道，堪称砖瓦工艺中的绝活。

明末清初，地震灾害和社会动荡造成社会财力匮乏，使得闽南建筑风格趋于自然、朴素，民居建筑中利用乡土建筑材料和建筑废弃物，采用生土、三合土夯筑墙体的做法十分流行。这种方法既坚固又经济，著名的"城市瓦砾土"墙体也正是这时期的发明创造。

宫，屋脊装饰也十分怪异，致使官署与乡绅的房屋难以分辨。这里说的实际上就是红砖红瓦建筑产生的景象。

布局特点与起居文化

| 布局特点与起居文化 |

闽南建筑种类繁多，不但有民居、祠堂，还有寺庙、道观以及海防设施、景观建筑等，其中最富特色的还是"宫殿式"的民居，这种民居形式在当地被称为"皇宫起"。

关于这种建筑样式的由来有一个动人的传说。

相传在隋唐五代时期，在朝廷做官的黄讷裕有个侄女叫黄厥，被当时的闽王王审之纳为妃子。有一年的梅雨季节，阴雨不断，黄厥触

| 泉州开元寺 |

景生情，愁眉不展。这一幕碰巧被儿子王延钧看到，于是问她为何伤心。黄氏便如实相告，原来黄氏本是福建泉州张坂后边村人氏，家道贫寒，她母亲居住的祖屋十分简陋，难以抵御风雨，想起这些不免暗自流泪。有一种说法是闽王听到这件事后就说："赐汝一府皇宫起。"在闽南话中"起"就是指盖房子，这句话的完整意思是允许黄母按照皇宫样式兴建

宅邸。黄氏跪地谢恩，并派太监传旨到泉州府，府衙误将一府理解为泉州府。另外一种说法是闽王说的是"赐汝母皇宫起"，由于在闽南方言中"你母"和"你府"发音相近，当地误解为"赐你府皇宫起"。

总之，一时间整个泉州府城大兴土木，竞相建成皇宫式的宅邸。泉州府所管辖的晋江、南安、惠安、莆田等地也纷纷效仿，动静越闹越大。后来有人密报闽王，说泉州有人大建王宫，图谋不轨。这时闽王才意识到他的旨意被误传了，于是下令马上停建。当命令传到时，黄氏的祖屋已经大体建好，屋顶上的瓦垄已经铺好了三垄，但王命不可违，只能停了下来，后来这成了当地民

| 惠安民居

居的一种习惯盖法，即民居屋顶都只在两侧各铺三条筒瓦瓦垄。从那以后，皇宫起这种官式建筑风格便扩散开来，逐渐成为闽南地区最为流行的建筑样式。

闽南民居通常为坐北朝南的矩形院落，建筑沿着南北中轴线对称布置，前面有称为"前埕"的院前广场，前埕一般为横向矩形，地面铺设着整齐的长条石板，周围砌筑围墙，在南墙中央位置砌筑高起的"照壁"，在照壁左右两侧或东西围墙上开设院门，这样便构成了一个围合式庭院。庭院既是整座住宅建筑的前部广场，也是加工和晾晒农作物或放置水产品的场院。

主要院落及建筑称为主厝，布置在前埕的北面，因为是在前埕的后面，也称为后厝，厝是当地的叫法，就是院落式建筑。主厝与前埕的东西向长度相同，通常为三开间或五开间，偶尔也可有七开间的。大门开在房子正中的位置，一般都做成向内凹进的门斗，称为"塌寿"，讲究的塌寿要向内凹进两层，称为"双塌"，如此形成了一个凸字形的空间。凸字的中间设置大门，两侧开小门。按照旧时的规矩，大门只有遇到重大事情时才开启，平时人们都是由两侧的小门进出。大门入口处的门厅正中，一般放置木板壁或屏风，用以遮挡视线。

大门两侧各有一间或两间下房，与大门共同组成"前落"，或称"下落"，即前排房屋，相当于北方四合院的倒座房。前落的后面是四方形的"天井"院，天井两侧是对称布置的东西厢房，闽南称"榉头"。天井

| 民居前的广场 |

北面，也就是正对门厅的是"后落"，即正房，也是面宽为三开间、五开间或七开间的一列房屋，中间是厅堂及后轩，厅堂面向天井，宽敞明亮，是奉祀祖先和神明的场所，也是接待客人的地方。按照过去"左尊右卑"的原则，中轴线左侧供奉神像，右侧供奉祖先的牌位，这也反映了民间"以神为大，以祖为小"的观念习俗。在厅堂左右各有前后房四间，前面的俗称大房，后面的称后房，是卧室和起居间，卧室房顶有天窗，但很小，房内光线幽暗，和厅堂的明亮形成对比，体现了"光厅暗房"的特点。

天井四周以回廊环绕，既可以连接各房间，雨天还可以避雨。门厅、天井、厢房、

墙基、台阶、门庭等都铺砌着平整干净的条石，四周墙面贴砌构成吉祥图案的红

| 宜人的庭院和回廊 |

| 屋顶的优美曲线 |

23

砖。大厝正房屋顶形式多为悬山式，下房、厢房、护厝等次要屋顶多为硬山式。悬山式屋面呈弯曲的双曲面，铺设红瓦，屋脊是燕尾脊，屋面檐口装配瓦当和滴水。

大厝的进深按照天井的多少来规定，有一进、二进、三进、四进和五进之分。如前面说到的二进三开间的大厝，是由上落、下落、天井和两厢组成。如果主厝不够

用，可以在大厝的东西两侧及后轩外面再加设附属院落，即护厝，可分为单护厝、双护厝和环护厝三种。护厝在前埕设有独立的入口，进门后各有纵深布置、面向主厝的房屋，与主厝之间有纵向狭长的天井和回廊进行连通。扩建护厝的时候，也要参照左先右后的原则，即民间"左龙右虎"的顺序进行扩建，护厝与正厝之间的天

厦门的莲塘别墅

井，左边的按顺序叫"龙井""日井"，右边的叫"虎井""月井"。大厝的建筑布局体现着中国尊卑有别、长幼有序的儒家文化传统，如正厝是主人居住的地方，两侧的护厝作为佣人房或储藏间。正厝上落的东大房最为尊贵，用作父母住房，西大房归长子居住，其他各房按照"左大右小"的传统以此类推。

闽南民居与闽南特殊的气候相适应，院落大都坐北朝南。为了通风和采光，厅堂朝向天井的一面设置高大的门窗，甚至完全开放。由于闽南地下水非常丰富，在院落中一般都开凿水井，取水非常方便。为了防止内涝，墙基全部采用石材砌筑，木柱下面也要垫上石柱础，并在墙根铺石，防止房基被雨水冲刷和浸泡。

较大规模的院落群还要在院落之间设置防火巷，防止火灾蔓延。由于闽南建筑屋面坡度很大，在山墙上又开有老虎窗，再者防火巷借助建筑物互相遮挡，还能获得较大阴影区，因此还具有通风散热、降潮和排水的功能。

闽南地区台风多，为防御台风的袭击，民居多采用硬山式的屋顶形式，并在瓦垄上加压瓦砖。山区因台风较少，则多采用悬山屋顶，便于挡雨。凹曲面屋顶除了有利于屋面排水外，也在一定程度上起到消减风力和避雷的作用。此外，屋顶上部陡峻，下部出檐平缓，而且向上反翘，可以增加室内的采光。

| 福建杨阿苗民居（局部） |

| 福建杨阿苗民居中的天井 |

那样进行布局和建造？

一个例子是杨阿苗民居，坐落于福建泉州鲤城区，是由菲律宾著名华侨杨阿苗在清光绪二十年建造的，前后历时十三年建成。整座宅院坐北朝南，占地面积一千三百多平方米。建筑格局非常典型，采用了中轴对称布局和二进五开间双护厝的形式，即正房采用五开间，中间主厝有两进院落，东西两侧又各带一组侧院。

在主厝的中轴线上依次排列着大门、门厅、天井、大厅和后轩，每进大小厅堂和后轩的东西翼各有两间房，天井两侧有带前廊和连廊的厢房，设有 6 个边门通东西护厝。在主厝中，除中间为大天井外，厢房与门屋、正屋之间又形成 4 个小的天

说了这么多规矩和原则，那么实际的闽南民居到底是个什么样子呢？我们接下来就看看两处最著名的闽南民居，是否按照我们前面说的

井，称为"五梅花天井"，院落空间的构成更为丰富。东西护厝各有内设的花厅和独立通向前埕的大门，在东护厝内还有一座方形的亭子。花厅后为卧房，并配有天井，各自构成一个独立的庭院。在大门的前面有三面围以红砖墙的前埕院，是住宅的前导空间。总体来看，杨阿苗民居布局相当规整严谨，显得既小巧玲珑又气派宏伟，被誉为闽南建筑的精品。

另一处有名的闽南民居是蔡资深民居。蔡资深民居位于福建南安官桥镇，是一座已有百年历史的古厝。

蔡资深原名蔡浅，小时候便随父亲远渡到菲律宾经

福建杨阿苗民居全貌

福建杨阿苗民居的装饰

商，是清朝著名的南洋华商。回国后因赈灾有功而被朝廷封为"资政大夫"，故称蔡资深。据说蔡氏父子回国后遇事不顺，有个算命先生对他们说，只有大兴土木方能化解厄运，于是便请风水先生选址相地，花了数十年，兴建起了这座蔡资深民宅。

现存的蔡资深民居建筑群由十六座独立的院落组成，其中同治年间兴建的有两座，光绪年间兴建的有十三座，另有蔡氏宗祠一座，共计房屋四百余间。蔡资深民居因规模宏大、布局严整、雕饰精美、内涵丰富，被人们誉为"闽南建筑博物馆"。

整个建筑群分为五列，东西长二百多米，南北宽一百

|福建蔡资深民居前埕|

多米，总建筑面积一万多平方米，包括住宅、书堂、宗祠等。每组院落多为二进或三进，大多有护厝，红墙红屋顶，是典型的闽南红砖厝和皇宫起样式的建筑。

各院落南北（前后）之间相距约十米，较为开阔，地面铺设整齐的花岗岩条石板。院落左右之间留有狭窄的巷道，东西两侧的山墙之间相距仅两米左右，肩负着防火和散热的任务。巷道地面也是以花岗岩条石铺成，两边有明沟用于排水。

建筑群中最大的一座院落位于最西端，建于光绪丁未年，是唯一的一座按照东西朝向布局的院落。在这座院落南面的两座院落建于光绪甲辰年。再向东南数下去还有三座大宅，建于光绪癸卯

年，其中位于中间的那座就是蔡资深的宅第了，此院落占地一千多平方米，格局为五开间双护厝，按中轴线对称布局，用料讲究，雕饰精美，是闽南建筑中的精品。

一走进院落大门，就可以看到门额上书写着"莆阳世胄"四个大字，抬眼望去，还能看到正房大堂屋脊两端装饰的龙吻，这都显示了主人不同凡响的身份。蔡资深

│福建蔡资深民居内庭│

曾被封为二品资政大夫，其长子曾任七品县令，按当时的规定，他们所居住的两座大厝，房屋正脊两端可以饰有"龙吻"雕塑，有避火镇灾之意，更重要的还是身份的象征。

院子的外墙面上装饰着各种泥塑彩绘，窗格以青石为棂，雕刻藤萝、花鸟、绿竹等图案，雕刻刀法纯熟，技艺精湛。门廊上装饰着各式木雕和石刻，琳琅满目，形态逼真。门厅开敞，正厅高大肃穆，在建筑构件和墙面上布满了花鸟、麒麟、诗词等精美的图案和文字装饰。

在建筑装饰技艺方面，蔡资深民居还吸收了南洋文化和西方建筑的装饰艺术特点，被称为"世界建筑重要遗迹"。蔡资深是华侨富商，因而蔡资深民居所使用的很多装饰材料都是从国外进口

|福建蔡资深民居门头装饰|

｜高翘的屋脊和嵌瓷装饰｜

的，如珍贵的楠木和当年稀有的水泥花砖；雕塑中有大力士扛东西之类的故事，也明显来源于域外文化。据附近村民回忆，1997年来此考察的联合国教科文组织成员迪安博士曾说："如此壮观的古民居建筑群在世界上独一无二。"

在蔡资深民居的东北角有一座两层高的读书楼，当地人称"梳妆楼"或"小姐楼"，造型精美，别具匠心。据说蔡资深曾希望自己的侄子蔡世添和自己好友晋江状元吴鲁的女儿明珠结婚，为此特别建造的这个读书楼。可叹明珠在婚前病逝，她的堂妹宝珠代她嫁给了蔡世添，不料蔡世添在婚后不久也病逝，宝珠在小姐楼中守寡终身，成为当地流传的一

福建蔡资深民
居室内

段让人唏嘘的故事。

　　闽南建筑不但布局严谨，而且营造技艺独特，赋予了闽南建筑丰富的表现力，如屋面双向弯曲，屋脊两端起翘高挑，再加上建筑组合穿插而产生屋脊曲线高低交错的轮廓，以及各种华丽的屋顶装饰，使整个建筑群显得流光溢彩，突显地域特色。

营造技艺与营造习俗

| 营造技艺与营造习俗 |

闽南民居的建造可不是枯燥乏味的土木工程，而是一个充满技艺展示和文化内涵的民俗活动，还是一个严谨、复杂的科学流程。需要严格按照一整套施工规范进行准备、制作、加工和安装，在这个过程中，木匠、瓦匠、石匠、油漆匠等在大木匠的带领下协调一致，各司其职，共同完成房屋的建造。在建造过程中，还伴随着一系列仪式活动，表现了人们对建房活动的重视。

闽南自古就有遇事祭拜的传统，反映在建房这种大事上，更是少不了祭神拜祖。建房是一个家庭或一个家族的百年大计，关系到人丁是否兴旺，财源是否茂盛，也关系到家人和族人是否和睦友善、平安健康，所以大家都很细心和慎重，长久以来形成了一套建房礼俗，以求趋利避害，吉祥安顺。一般先请风水师确定宅址、选择吉日动工，然后开始动土平基、起基定磉、上梁谢土、竣工入厝等，每一个阶段都要举行拜谢神灵的仪式，祈求上天和神灵的保佑，由此形成了闽南地区富有特色的营造文化。

民居营造的第一阶段是施工前期的准备工作。闽南传统建筑在选址和营建时总要事先请"地理（风水）先生"相地。以太极、两仪、四向和八卦（古代观测环境优劣的方法）为基础，结合河图、五行、九星、合数（古代预测吉凶的技术）等来决定建筑的朝向。地理师在选址时要用罗盘仪来确定方位，察看地势，观测风向和勘验水势，这些内容被称为"坐山"，在现场踏勘之后确定建筑的位置和朝向。

在宅基地的选择上，建房人要遵守或尽量照顾到这样几个原则：

一是宅基地尽可能坐北朝南，称"负阴抱阳"，目的是便于采光、避风。

二是考虑到山代表富贵的说法，住宅要背靠大山或丘陵，这叫有靠山；面对着小山（称朝山、案山），有

风景可看，又可挡风；左右两侧最好有小丘陵环护，可以形成环境宜居的小气候。

三是按照水代表财源的说法，住宅要靠近河流或者水塘，这样也方便取水、排水。但忌讳背水建房，据说那样会流失财富。

此外，民间也有一些约定俗成的禁忌需要注意，如房屋大门不要正对着街道，不要正对着柱状物，不要与别人家的大门相对，否则会有冲撞而不吉利。在房屋建造过程中，还要注意前后两排房屋的重要建筑构件要连接，否则没有拉结力，房屋不稳固。

确定宅基地之后就择吉日开工，这一点在旧时是很讲究的。闽南的大木匠师傅要事先画好水卦图（相当于

建筑设计图），挑选好施工队，并选择开工动土的日子。水卦图按照1:10的比例画在整块的木板上，各类施工人员依据水卦图进行施工。开工动土之日要将土地公的牌位摆放在正厅位置靠后侧，焚香祷告，每逢初二或者农历十六都得用瓜果食品敬奉土地公。土地公牌位要等房屋建成谢土时才能撤去，以后还要在建成的正厅上摆放香案，正式供奉土地公的神位。动土日一般让一位生肖好、有身份的人象征性地用铁锹挖几下土，而左邻右舍中倒霉的人、戴孝的人都要回避，否则不吉利。

准备工作完成了，接下来就进入第二阶段，正式开始施工。

第一步是先挖地基，按照设计图的要求应挖一米左右深度的基坑，闽南人习惯在天井位置的基坑四角放上几口大水缸，水缸大小相套，3个一排，每个角落两列，倒扣放置，可以作为排水、消音之用。

第二步是在基槽里用毛石与黏土混合夯实，做成垫层，在垫层上面再用平整的块石铺成墙基，接着在将来要立柱子的位置埋设四方形的大石墩，用来支撑地面上的柱子。

第三步需要在每个大石墩上安放柱础，为了防止上面的木柱子受潮腐朽，柱础一般都是用石头雕制而成。由于柱础也是建筑的重点装饰部位，所以很多时候柱础被雕刻成奇异的造型，并刻满纹饰，十分华丽。

石雕柱础

最后一步也是和石头有关，就是安放门框，许多讲究的大门通常用石材制作门框，在安装时要举行专门的仪式，最简单和常见的是在两个门柱之上各压一块红布，表示开门见喜。

基础工作和地面石活儿完工后，就要开始第三阶段的大木结构施工了。首先是在柱础上安放柱子，一般要先安放正厅中间的8根（根据房屋的进深来确定柱子的数量），然后按先下后上，先中间后两边的顺序架设横梁和连枋。

接下来是上梁，这在闽南民居的建造过程中是一件重要的事情，一般都会挑选一个吉日、吉时，举行特定的仪式，上梁的时候还要请风水师、木匠、石匠等主要施工人员到场。上梁有很多复杂的步骤，场面也很热闹。

上梁前，先是由大木匠师傅来主持，他手持三炷香，拜请各门工匠的祖师爷、房主的祖先、地方神、行业神、土地公、买卖土地的当事神、镇守宅舍的四方神等。举行上梁仪式前，主人家要准备好祭祀用的家畜、果盒（一般是五种水果）、红布、五谷和春花。这里提到的春花就是指用红、白两色纸扎成花朵，固定在一个染红的小木棍上。东西都准备齐全后，先用红布包裹在梁的中间，然后把春花插在红布的两边，并在红布的两边各敲进三个硬币。大梁一头扎红布，一头扎花布，布长两丈①八尺②，宽约三尺。

上梁的工匠身披红布和花布在一旁待命，木匠师傅开始定位升梁。大木匠师傅大声喊道："日吉时良皇子孙，人造华堂好上金梁，此木身姓梁，生在山中万丈长，造主请你今日做中梁。"然后仪式的主持人喊"丁兴财旺，富贵双全，房房发福，支支繁荣，世代富贵，钟灵毓秀。"每喊一句，在场的族人一同跟着附和一句"进啊"，上梁的工匠把梁木拉到梁架上，就位架好。上梁

组装中的屋架

仪式结束后，房屋主人要给参与上梁的工匠分发红包，左邻右舍也一起争抢，十分热闹。

上梁后需要把屋架的后续工作做完，包括在梁上铺设檩子、椽子和望砖。这些构件均是先根据木料的质地、大小及所需的构件款式进行加工，然后再安装上去的。用什么木材也是有讲究的，

①丈，非法定计量单位，1 丈 = 3.3333 米。
②尺，非法定计量单位，1 尺 = 0.3333 米。

安装好的梁架

采用榫卯结构组合的屋架

如柱子、椽子一般使用杉木，瓜柱、门窗及其他需要进行大面积雕刻的构件一般用樟木，因为樟木雕刻时不易开裂。安装这些木构件时，全都不用钉子，而是使用榫卯方式进行相互拉结。

第四个阶段是砌筑墙体。在安放梁架的同时，石匠要提前用条石砌外墙下部的墙基，这样做是为了增加坚固性和防潮，然后再用红砖在墙基上砌筑上部的外墙。砌筑墙体有多种砌法，有封壁砖、出砖入石、夯土墙、牡蛎壳墙、穿瓦衫等。

众多砌法中最具特色的要数出砖入石的砌法，特点是在砌墙时将石块竖立，砖块横置，上下间隔相砌，石块略向墙内退进，效果上突出了砖与石材在质感、色泽和纹理上的对比。有时也会用形状各异的石材和红砖交垒叠砌，墙面极为生动活泼，富有乡土气息。这种砌法是有来历的。相传明代末年，闽南地区发生大地震，地震过后当地人就地取材，利用坍塌破碎的砖、石、瓦、砾等构筑了这种独特的墙体，没想到后来被人们广泛应用，沿袭成风。客观地说，用这种方法砌成的墙不仅坚固耐用、冬暖夏凉，还古朴美观，成了闽南地区民居建筑的一大特色。

穿瓦衫砌法也不逊色，它采用红色的板瓦、鱼鳞瓦进行墙体装饰。具体操作是先用竹钉将瓦片钉在木墙、土坯墙或夯土墙上，然后在瓦片四周用牡蛎壳磨成的灰泥进行勾缝。如果用板瓦装饰，效果是在墙面上形成白线红底的方格；如果用鱼鳞瓦装饰，效果是整个墙面犹如鳞甲披身。

此外，在闽南沿海地区

砖石混合砌筑

还有一种特殊的牡蛎壳墙，它是用铜丝将牡蛎壳穿在一起，以灰浆黏合，连成整体，然后装饰在夯土墙外面，既保护墙体又产生了独特的装饰效果。

红砖墙除了在砌筑时应用的砌法特别，组成墙体的各部分也很讲究。闽南民居正面的墙面称为"镜面墙"，侧面的山墙称为"大壁"，形似一堵山，有马鞍山墙和燕尾山墙两种形式，是建筑装饰的重点，比如在山墙的

|侧墙与
山花|

|拼花的
墙面|

山尖部位一般要装饰堆塑，就是用泥土塑出立体状的纹饰图案，并绘以彩色。

镜面墙由下向上一般由几个部分构成，每一部分称为一堵。最下面是墙体的台基，称"柜台堵"，一般由灰白花岗石砌成。柜台堵以上是"裙堵"，也就是齐腰高的裙墙，由灰白色花岗石立砌而成，表面打磨光滑，不做雕刻，主要是加强墙体

的防水作用。裙堵上面有一层腰线，称为"腰堵"，用白石或青石砌筑，表面雕刻花草图案。腰堵以上至房檐下，就是红砖砌筑的墙身了，称为"身堵"。身堵之上，还有一条"顶堵"，表示身堵的结束。

身堵四边常常用砖砌成数圈凹凸线脚，称为"香线框"。在香线框以内的墙身通常采用闽南地区特制的红砖砌筑。很多居民常在红砖墙上拼出各种图案造型，如钱形、人字、工字、龟背、蟹壳、海棠等，这是当地很讲究的一门技艺。

在身堵的中间有白石或青石做成的窗户。石构窗的窗柱常以圆雕的形式出现，雕有动物、花卉等图案，如果是镂花窗，常雕刻着戏曲人物。身堵的最上方，与屋檐相连的地方有一条装饰带，称为"水车堵"，水车堵的特点是用红砖层层挑出，并以泥塑、彩陶、剪粘等作为装饰，有山水人物、花鸟鱼虫等花样，反映了地方的风俗习惯和房主的兴趣爱好。

第五阶段是屋顶盖瓦，盖上屋瓦的房子才真正像个完整的房子。砌墙和铺瓦都是砖瓦匠大显身手的时候，瓦匠先从屋顶一侧开始，自下而上进行铺瓦，具体做法是先在椽子上面铺一层正方形小瓷砖，再在上面用泥作为黏合层铺砌弧形的板瓦，遵循着上一块压着下一块十

| 屋顶的瓦 |

翘起的燕尾脊

分之七的规则，将板瓦摆成一道沟，沟与沟并列着，在沟上面再覆盖一层半圆形的筒瓦，最后用白灰浆进行勾缝，加强防水性。

接下来是铺设屋脊。用灰泥、瓦片、基砖、瓷砖、筒瓦等在屋面接缝的地方叠砌出条形的屋脊，不仅是为了防止雨水在屋面转折和交接的部位倒灌，同时也起到勾勒屋顶轮廓的作用。闽南建筑的正脊两端一般都向外

延伸出很多，并高高翘起，且尽端像燕子的尾巴一样分成两叉，所以又被人们称为燕尾脊或燕仔脊。按当地民间的说法，只有官宦人家才能使用燕尾脊，但实际上庙宇、祠堂和富家大户也会使用。

在燕尾脊的两端有龙头装饰，正脊的中央通常放置一个香炉或者小塔，使得屋脊的造型丰富多变。燕尾脊的造型和装饰在闽南地区被

人们赋予了一种特殊的文化内涵，它代表居家的亲人怀着"意恐迟迟归"的忧思，期盼外出谋生的亲人像燕子归巢一样早些回家，也表达了对远方亲人的祝福。随着闽南人迁居到海外，皇宫起这种建筑形式及双燕归脊的屋顶造型也流行到东南亚地区，遍布在闽南语系的各个角落，成为海外侨胞和外出谋生的人思念故土、追根寻祖的精神寄托。

屋顶工程完毕之后，剩下的就是精雕细作的细活，也就是第六阶段——小木的施工。小木指的是制作和安装门窗、天花板以及室内木装修工程，通常也包括建筑构件上的一些木雕装饰。在安装入口大门的门框与门楣时，要举行仪式，祭谢土地公，并在门槛下面埋"五谷"，在门柱上面压红布。门厅的大石阶必须用一块整石，安装程序由石匠师傅主持，先要用宝剑沾上鸡冠血点在大石阶上，然后嘴里一边念着吉祥语，一边将包有五谷的红包放进大石阶正中下面预先留好的空穴中。

第七阶段较简单，是铺地砖的工作。先将地面清理干净，收拾平整，然后就可以铺设地面了。靠近天井的位置用条石铺砌，堂屋里面用拼花的南洋地砖，比如福建泉州著名的杨阿苗民居，地上铺的就是从南洋进口的花砖，至今有 100 多年，依然色彩鲜艳。两侧的卧室一般用当地红地砖铺成，地砖形状有正方形、六边形等，表面光滑美观。

　　第八阶段是纯粹的装饰工作，需要油漆匠、彩绘匠进行最后的工序。油漆匠要对柱子、梁、大门等重要的木构件涂刷油漆，为了防止木头裂开，事先还要使用夏布（麻布）对木构件进行包裹，然后再在上面涂刷几遍油漆。彩绘匠在雕花木构件、梁、围板和门堵上描绘彩画，这项工作就如同画家画画，很有艺术性。通常是用油漆打好底色，然后将要画的图案用墨线勾勒在构件上，再进行填色。有的地方按照构图和内容需要还要贴上金箔，显得富丽堂皇。

　　实际施工中比说的要复杂得多，而且随时可能遇到一些困难，建造过程充满了挑战性。为了保证施工质量和提高施工水平，在闽南乃至潮汕地区流行着一种称为"斗工"的营建习俗，也称"对场作"，就是在房屋的建造过程中，以中轴线为界，左右两边由不同的工匠师傅设计、施工和建造，两组师傅合力完成这一座建筑，听上去是不是有点匪夷所思？

　　房主用这种方式可以挑选到建筑质量更好、要价更

|厦门的小祠堂|

|石头制作的 大门|

低的师傅。而工匠们为了争取到建筑项目，也会主动提出斗工的请求。以前凡是大型建筑工程，如宗祠、寺庙、宝塔、富人大宅院等，常会请两班或两班以上由名师带领的团队参加营建，相互比赛建造水平、工程质量和手艺技术。想在技术上出人头地的工匠也都乐于接受挑战和应战，于是，建筑工地变成了竞技场，工匠们呕心沥

血，穷尽妙思，各显绝技。

斗工实际上是公平竞争，这种斗工习俗提高了工匠的总体技术水平，不仅老艺人因此青史留名，很多青年工匠也脱颖而出。据说许多传世精品就是斗工斗出来的，至今还流传着很多这方面的逸闻趣事。如潮州的涸溪塔和龙门塔，传说就是由师徒两人分别建造的，徒弟技术不亚于师傅，也有心压过师傅，师傅当然不会轻易认输，于是师徒斗工比试，各造一塔，故事讲述得绘声绘色，曲折动人。

最典型的斗工故事要数彩塘镇资政第大门两边镶嵌的四幅石雕的制作。其中有幅《渔樵耕读》图，图中放牛娃手里挽的牛绳雕得十分精细，比火柴棍粗不了多少，

塌寿石雕一角

股数清晰可辨。在斗工中，有三位工匠呕血而死，轮到上阵的第四位工匠，并未因同行的丧命而胆怯，而是抱着为艺术献身的精神，勇敢接受挑战。他总结了前人经验，经过精心设计，终于打造出理想的作品。

入厝仪式是营造工作的最后一个环节，也表明一座民居建筑圆满完成，此后全家人就在新居开始幸福美满地生活了。房主选好吉日，

49

祭祀天公、土地公、境主等神祇，用红布包"五谷六斋"及剪刀、尺、铜钱等物，系在脊檩上。木匠用朱笔沾上鸡血点在柱脚上，石匠用鸡血点在石阶上，称为"出煞"，求个吉利。同时，在屋脊上放置风炉，点燃炉中的木炭，这一过程总称为"散土"。主人家要给众工匠分发"封礼"，也就是红包。新房贴上红对联，将摇篮、轿椅、家禽、镜子、米面、柴火等先搬入房内，沿途燃放鞭炮，请道士念经，这一过程称"谢土"，谢土后才算正式入住。

| 门额上的石雕 |

装饰艺术与审美追求

| 装饰艺术与审美追求 |

闽南建筑，特别是闽南民居建筑，秉承了中国传统建筑对称、严整和封闭的特点，在文化内涵上，体现着与自然相适应的尊卑有序的礼制思想。但在建筑装饰方面，则充分展示了地方特有的艺术风格和审美趣味，例如弯曲的屋顶、高翘的燕尾脊、色彩艳丽的红砖墙、花枝招展的嵌瓷、华丽活泼的交趾陶等，留存着海洋文化的印记，也彰显了多元文化的魅力。

闽南建筑装饰题材十分广泛，内容大多是吉祥文字与花卉、瑞兽图案，技法上极富变化，融木雕、石雕、砖刻、砖拼（嵌）、泥塑、彩绘、嵌瓷、交趾陶等于一身，装饰部位遍及整座建筑。这里我们有必要再总结一下闽南建筑的装饰，比如屋面铺设红色筒瓦，檐口有称为"花头"的瓦当，瓦垄下有称为"垂珠"的滴水装饰等。

外墙是房屋的门面，或者说脸面，也是装饰最为集

| 屋顶上的装饰 |

|门头的匾额与
对联|

中的地方，通常在外墙正中开大门，门额的石匾上醒目地镌刻着厝主的姓氏郡望，表示不忘祖宗。两侧的对联多为厝主的名字冠头联，以示光宗耀祖。外墙最下面的台基常砌筑带有螭虎浮雕的白石，台基以上裙墙竖砌素面白石。裙墙以上墙身大多用红砖拼花，组成古钱等图案，中间装饰着白石或青石做成的窗子，窗棂或者是简洁的竖棱，或者是活泼的花鸟鱼虫。檐口部分多装饰泥塑彩绘或彩陶。山墙多使用块石与红砖混砌的手法，即"出砖入石"，形成红白相间的对比，也是人造材料与自然材料的绝妙混搭，是最具地方特色的墙体装饰砌法。

内部隔墙大多用木制板壁，按照格扇方式分格，窗格用柳条棱、马鼻棱、斜格棱等形式拼成各式图案，也有拼成篆书文字的，以四字诗词、治家格言等最为常见。又如在裙板位置装饰木雕彩画，在山花部位装饰花鸟人物等浮雕。以上这些说明了闽南民居的装饰丰富多样，技艺精湛，也反映了当地雕刻工艺和制陶工艺水平的高度发达。

说到红砖墙就不得不提闽南的红砖制作技艺，这是一种特殊的地方技法，被称为烟炙砖烧制技艺。这种技艺不但历史悠久，而且工艺高超，制成的红砖质地细密、色彩红润、薄厚均匀，可以砌成各种砖花。红砖在烧制过程中，黏土里所含的铁元素被充分氧化，所以成品外观呈现出鲜亮的红色。

红砖的原材料选自当地地表以下2米左右的无杂质

|屋顶上装饰的
人物造型|

| 胭脂砖与陶制花窗 |

| 红砖与泥塑、石雕和彩画的搭配 |

在泉州地区，一般采用马尾松作木柴，在烧制过程中，每层未被上层压覆的砖表面都会蒙上马尾松的灰烬，并在持续攻烧中深深地烙在砖上，从而在砖表面形成两三道紫黑色的纹路，这种砖被称为"烟炙砖"或"胭脂砖"。砖瓦匠在砌筑墙体时，将这一特点巧妙地运用，形成富有色彩变化的墙面。烧窑过程一般需历时一个月，炉温要保持在1000℃左右，停火后自然冷却，冷却时间需十天到半个月，然后就可出窑使用了。

细木作与木雕装饰

在闽南称小木作为"细木作"，细木作除了建筑的内外檐装修部分外，还包括大木构件上的雕刻装饰，也

黏土，经过浸泡、翻松、砸碎后，牵着水牛反复踩踏，直至黏土显现黏性，再制作砖坯，等晾干后还需在砖坯上刷泥浆，接着用竹片来回推磨成光面，再次晾干后便可入窑烧制了。

包括门窗、隔扇等构件。大木工匠把梁枋等构件做好后，交给细木工匠进行细部加工，雕刻图案，所以细木工师傅也被人们称为雕花师傅或雕花匠。

细木作的施工一般是在大木工匠的指挥下进行的，由大木工匠确定各部件的尺寸、大小。细木作选择用料时，通常选用木质坚硬、防虫防腐的樟木。雕刻内容可由雕花匠自定，或与厝主商量而定。题材多选用戏文故事、花鸟虫鱼、吉祥图案等。工序是先把要雕刻的图案画在纸上，而后用糨糊固定到木头上雕刻，或者用复写纸复印在木头上，再进行雕刻。待雕刻成形后，用细刻刀收边，再用砂纸把雕刻过的地方打磨平滑。

胭脂砖墙面的装饰效果

闽南民居的大木构件一般不做过多雕刻，仅在梁头、柱头等处做些线脚或曲线，如梁头的鱼尾纹、柱头的卷草纹等。斗拱、瓜柱等表面一般有浅浅的雕饰纹样。进行木雕装饰的构件通常是具有联系作用的次要构件，如垂花柱、雀替、梁头、随梁、门楣、橼头、狮座等，多采用透雕的工艺形式进行加工。雕刻的形象有鳌鱼、龙凤、花草、仙人、螭虎、力士等，雕刻还常常结合彩绘、贴金等工艺，更显华丽。

"狮座"是指梁上起加固稳定作用的构件，通常整体雕成狮子的形象。"托木"类似于雀替，是位于房梁与支柱交接处的三角形连接构件，起加固托举的作用，常

室内的木装修

垂花装饰

常雕刻出复杂精致的装饰。"垂花"又称吊筒，是檐口下面不落地的柱子，柱端常雕成花篮或莲花的样式，所以也称为"吊篮"。"竖材"是位于垂花柱正面的装饰构件，用来遮挡住垂花柱后面穿出来的木榫，常雕刻成仙人或爬狮的样子。

闽南民居中还常用憨态可掬的人物造型装饰梁架，称为"憨番"。憨番头顶梁底或脊檩等构件，好像抬着梁架或脊檩，俗称"憨番抬厝角"或"憨番抬楹"。以力士的形象作为支撑构件，承接上面重量，是佛教建筑中常用的形式，现今在我国很多地区的石窟中还可以看到。北魏时期也常用力士的形象装饰台基的转角部位，佛像的底座也雕刻着力士的

形象。闽南民居将此形象用在建筑梁架上，显然是从佛教建筑上借鉴过来的，只不过在民居中这些人物形象雕刻得更加活泼可爱，生动有趣，增加了闽南民间的民俗气息。

| 爬狮 |

惠安的石雕艺术

闽南地区的惠安是我国著名的石雕之乡，惠安石雕技艺也是我国的国家级非物质文化遗产。惠安石雕所用的材料主要是花岗岩和辉绿岩，技法主要有以下几种：一是素平技法，即将石材表面雕琢平滑，不施加任何图案。二是平花技法，也称为线雕，它的特点是将石料打平、磨光后，依照图案刻上线条，以线条的深浅来表达各种文字、图案，并将图案以外的石面浅浅地打成凹退的底面。三是水磨沉花，也就是我们常说的浅浮雕，雕刻图案的表面也可以磨平，底子上凿出麻点。四是透雕，顾名思义，特点是将石材雕刻成镂空的效果。五是四面雕，它是将构件的前后左右四面雕出形象，也是以镂空工艺见长。六是影雕，这是闽南特有的雕刻技法，有点像线刻，特点是将青石经过水磨，使表面光滑如镜，然后在石材表面用"金刚针"錾点，通过疏密、大小和深

| 大门两侧的浅浮雕 |

| 透雕 |

| 四面雕 |

浅的不同，雕出花卉、人物等。石雕构件一般都是先进行雕刻，完成后才开始安装。

闽南砖雕

闽南的砖雕多为"窑后雕"，即在已经烧好的红砖上进行雕刻。如果是先在砖坯上雕刻，再入窑烧制，则称为窑前雕。窑前雕有些像泥塑，雕塑的线条较为流畅生动，花式纹样也有更多的深浅变化。比较起来，窑后雕的砖雕线条较干净硬朗，层次丰富，画面平整，但边缘容易产生锯齿状的剥落。

闽南的砖雕多装饰在墙壁、门额等地方，尤其是大门两侧的墙面，常用大型方砖雕刻装饰，然后拼接成一整幅画面。雕刻时仅将要表现的图案雕出，底子上涂白灰泥，红白相衬，远看如透雕或镶嵌画一样。由于红砖易碎，砖雕多用浅浮雕或平雕、线雕技法，以便于保存。

灰塑装饰

灰塑也称"泥塑""灰批"，是闽南传统建筑的一种特有的装饰手法。灰塑以灰泥为主要材料，灰泥的成分包括石灰或牡蛎壳碾成的灰粉、砂、棉花或麻绒、煮熟的海菜等，混合之后再经过充分搅拌，使其均匀，然后用细网筛去杂粒，加水调和后放在大桶中进行保养。养灰需要60天左右，使灰泥在自然空气中经化学变化渗出灰油，这样可以增加黏性。有时为了增加黏性，还在水中掺入红糖或糯米汁。

灰塑是趁灰泥未干时制作的，较砖雕、石雕有较大的可塑性。在泥塑的制作过程中，如果掺入色粉或者在泥塑未干之时刷上颜色，并使之渗入泥塑，便成为彩塑。当然，也可在半干的泥塑表面进行彩绘，刷色的色粉要与胶水混合，才能固定在泥塑上面。灰塑彩绘多用于住宅、寺庙的墙身、檐口及山墙的山尖处。山墙尖上的悬

| 灰塑 |

| 山墙尖上的悬鱼、惹草 |

| 檐下石雕 |

鱼、惹草，窗楣及匾额等，就多用灰塑装饰。屋檐下也常用浮雕的形式表现山水、人物、花鸟等题材。

陶作艺术

陶作是一种融绘画、雕塑和烧陶于一体的闽南民间工艺。这是一种低温彩釉软陶，用800℃左右的温度烧成，釉层较软，容易风化，但外观温润亲切，不像高温瓷器那样给人一种冰冷的感觉。因为这种陶的发源地是在古时被称为"交趾"的广东一带，所以又被称为"交趾陶"。

由于低温烧制工艺的限制，烧制出来的陶作装饰硬度不是很高，在制作较大的构件时，往往需要分开烧制，然后再拼接安装。交趾陶制作的建筑构件一般以实用为主，材料较为粗重，工艺不如灰塑精致，还要考虑到避免碰撞损毁等因素，因而交趾陶一般不安置在较低的部位，而是安装在墙头、屋脊、山墙尖、照壁等处。另外，在建筑入口的墙面上，也常常安放交趾陶，以增加建筑立面的色彩效果。交趾陶的内容题材大致为神仙传说、民间故事、历史文学、戏剧人物等。

嵌瓷艺术

嵌瓷是闽南与广东潮汕地区特有的一种装饰工艺，其技法主要是"剪"与"粘"两种。一般先以铅丝、铁丝扎成骨架，再以灰泥塑形成坯，最后在坯的表面粘上各色瓷片、玻璃片或贝壳。

嵌瓷是现场施工的工艺，匠师将陶瓷碎片进行修剪，现场即兴创作，拼成各种人物、花鸟、楼阁等造型。嵌瓷作品适合远观，一般置于

| 屋顶的陶瓷装饰 |

嵌瓷作品

闽南寺庙屋脊上的装饰

式花瓶，皆可用来制作。

有些嵌瓷作品也需要特别加工，如人物的头部、盔甲、战袍等需要用模具印制，然后入窑烧制。镶嵌瓷片的时候，由于题材和位置不同，镶嵌的方法也不同。如龙的头部，瓷片需要斜插镶嵌，而龙身的鳞片较平，近似平铺镶嵌。花卉镶嵌更为讲究，花瓣要从中间逐渐张开，角度越来越平缓。花茎枝干则采用平铺镶嵌的方法，用以突出花瓣。嵌瓷的作品也可以用油漆上色或描金线，增加其艺术表现力。嵌瓷作品底面的灰塑很少露出，大部分都被瓷片所覆盖，如果灰塑需要上色，也需要赶在其未干之前，以便颜色渗入，这样可以保证色泽沉着，而且不易褪色。

屋顶上，所以尤其重视造型的整体性，要点是掌握构图巧妙、轮廓活泼、色块搭配和谐等诀窍。嵌瓷所用的瓷片范围十分广泛，主要来自家用的各种废旧瓷器，从饭碗到茶杯，从各种碟子到各屋面正脊是嵌瓷装饰的重点，常用镂空花砖砌筑，中间设置高耸的人物、动物、花卉等嵌瓷装饰。闽南民居正脊的中间较为平缓，两侧逐渐弯曲，端部起翘，吻头成燕尾状。屋面檐口同样随曲线变化，整个造型显得轻盈而富有活力，形成丰富的屋脊天际线。

闽南和潮汕地区的嵌瓷艺术历来发达兴旺，受到当地人民的普遍喜爱，因而得到广泛的应用。嵌瓷工艺历代能工巧匠人才辈出，这其中的奥妙和斗工比艺有着十分密切的关系。各个地区和各大流派的高手们平时互相切磋技艺，到了比赛时各显身手，互不相让，能者上来，次者淘汰出局。

清光绪二十五年，汕头要兴建一座存心善堂，善堂主事人为了保证建筑的质量

丰富的屋顶装饰

和美观，决定采取当地盛行的"斗工"形式，邀请潮汕各地嵌瓷名家前来斗工竞艺，吴丹成和他的徒弟许石泉，陈武和他的高徒何翔云也在受邀之列。一时间，汕头存心善堂工地成了能工巧匠的竞技场。吴丹成和陈武互不示弱，想方设法要胜过对方。这时的陈武年事已高，年方19岁的徒弟何翔云自告奋勇地站了出来，承担起了挑战的重担。他在师傅陈武的指导下，匠心独运，在

屋脊嵌出别出心裁的《双凤朝牡丹》。这幅自成一体的作品一面世，便得到大家交口称赞，连对手吴丹成也为之赞叹不已。在对手的激励下，吴丹成也在存心善堂留下了自己的传世之作《双龙戏宝》，两幅作品交相辉映，珠联璧合，一时间传为佳话。可以说，存心善堂的许多嵌瓷作品都是吴丹成、何翔云两派的心血结晶，只可惜后期被毁坏了，现在的作品是由其他工匠们仿制的。

油漆彩画艺术

闽南建筑不但装饰华美，而且色彩艳丽，木构件和墙体的重要部分通常覆盖着浓重的颜色和彩绘，而且具有明显的地方特色。在闽南建筑中，油漆装饰遵循的原则

| 优美的屋顶曲线 |

是"红黑为主，见底就红"。也就是说，梁架大多数以红色或黑色为主，侧面涂黑，底面涂红。比如梁的底面涂成红色，侧面涂成黑色；斗的斗底涂成红色，斗的斜曲面涂成黑色，斗侧面的两耳又涂成红色；拱的正面涂红色，侧面涂黑色；檩子一般为红色，脊檩因为较为重要，则以红色和金色为主色，并且画上彩色的龙凤花卉。

木雕也常涂上彩色，底子一般用红色，凸起的部位以青绿色为主，以白线为轮廓。边线内用化色法绘制，化色是指在大面积的红、青、黑等颜色中掺入白色，使其逐渐淡化，慢慢过渡到白色的边缘，类似于退晕的效果。在大梁、边梁、雀替以及斗拱、窗扇等构件上的雕刻，常使用这种化色法进行装饰，重点部位用金色点缀。闽南彩画中常以金粉做颜料，称为"擂金"。一般是用金粉与胶水调和成糊状，或者用蛋清与碾碎的金箔调制成金水，然后用笔蘸上金水在构件上进行描绘。在称为狮座的梁垫和梁下的随枋等重要位置，也有整体用金的做法，全部满贴金箔。

闽南梁枋部位的彩画用"分三停"的构图法，就是将大梁分为三个部分，正中心部分称为"堵仁"，两头

| 闽南梁架的色彩 |

接近柱子的部分，称为"堵头"，起到框景的作用，堵头外侧用束带纹样作边框。堵仁是彩画的中心，图案包括人物、花鸟、风景、静物等。堵头常用的纹样有螭虎纹、卷草纹、如意纹、回字纹、曲齿纹、书卷页等纹样。

闽南民居的大梁和脊檩还常使用包巾彩画，这种包巾彩画与江南的包袱彩画有相似之处，形式如同丝巾包裹在梁架上。包巾有正搭形

式，也有斜搭形式，正搭是包巾与梁正交缠绕，斜搭则是包巾斜搭在梁上，形成三角形图案，斜搭的图案还有正三角形和倒三角形之分。包巾内的图案有锦纹、人物、风景等。

丰富的装饰题材

在闽南建筑中，我们可以看到许多中国传统图案的原型、内容及蕴含的象征和隐喻，表现出中华文化的核心价值观和民间愿景。

抽象纹样有云卷纹、花草纹、花形纹、如意纹、拼花等。

具象的题材主要有戏曲故事、巾帼人物、吉寿文字、海棠花、相思树等，这些图像本身都有一些象征和隐喻意义。如六角代表长寿，八

| 刷金装饰后的木构件 |

角代表吉祥，圆形代表圆满，钱纹代表财富，莲花代表高洁，石榴代表多子，蝙蝠代表福寿，蝴蝶代表美好等等，都寄托了人们美好的愿望。再比如说，用凤、牡丹来表示君臣；用松、鹤来表示师徒；用梅、雀来表示兄弟（妹）；用鸳鸯来表示夫妻；用菊花、鹦鹉来表示父子；用牡丹、凤凰（福）、梅花鹿（禄）和松鹤（寿）表示福禄寿。通过这些象征性的图案或纹样，来表达某种双关的寓意，是闽南装饰题材的特色。

梁枋彩画常描绘有传统故事，如二十四孝故事、三国演义故事、封神演义故事等。此外，麻姑献寿、八仙过海、三星拱照、名人书法等也是常见的题材，如在墙

梁架上的彩画

上绘制铜钱图案，写上"正德通宝"，意为得到此钱富贵万年，也表示添丁进财。在祠堂中脊两边，如本族有当官的，则写"文章华阁、诗礼传家"；没有当官的，则写"金玉满堂、吉祥如意"之类。在泉州杨阿苗古民居中摹有颜真卿、苏轼、张瑞图、吴鲁、林翀鹤、曾振仲等著名书画家的书画作品以及各类诗文、对联等。蔡资深民居中的门、墙、厅、壁等也有大量书画点缀，留下

描绘古代战争场面的雕刻

木隔扇上的书法装饰

许多当时名流的书画，篆、隶、行、楷各具韵味，如读书楼上的木隔扇中，就有吴鲁和陆润庠的书法真迹。

我们从上到下，由里向外，把闽南建筑游历了一番，想来你对闽南建筑有了一个初步地了解，形成了一个大致的印象了吧？然而百闻不如一见，要想深切地体验，还是要来一次身临其境地考察，如果你如愿以偿到了闽南，除了欣赏绚丽多彩的古民居之外，也别忘了喝上一杯当地的擂茶，听听中国最古老的音乐——泉州南音，或者听一出闽剧《三尺巷》，剧中讲的就是因盖房而发生的曲折故事，如此也算全方位地体验了一回闽南文化。

图书在版编目（ＣＩＰ）数据

闽南红房子 / 严桦编著；刘托本辑主编. — 哈尔滨：黑龙江少年儿童出版社，2020.2（2021.8重印）
（记住乡愁：留给孩子们的中国民俗文化 / 刘魁立主编. 第八辑，传统营造辑）
ISBN 978-7-5319-6476-6

Ⅰ. ①闽… Ⅱ. ①严… ②刘… Ⅲ. ①建筑艺术—福建—青少年读物 Ⅳ. ①TU-862

中国版本图书馆CIP数据核字(2019) 第294058号

记住乡愁——留给孩子们的中国民俗文化 　　　　刘魁立◎主编

第八辑 传统营造辑 　　　　　　　　　　　　　刘　托◎本辑主编

闽南红房子 MINNAN HONGFANGZI 　　　　　　　严　桦◎编著

出 版 人：商·亮
项目策划：张立新　刘伟波
项目统筹：华　汉
责任编辑：曲海英
整体设计：文思天纵
责任印制：李　妍　王　刚
出版发行：黑龙江少年儿童出版社
　　　　　（黑龙江省哈尔滨市南岗区宣庆小区8号楼 150090）
网　　址：www.lsbook.com.cn
经　　销：全国新华书店
印　　装：北京一鑫印务有限责任公司
开　　本：787mm×1092mm　1/16
印　　张：5
字　　数：50千
书　　号：ISBN 978-7-5319-6476-6
版　　次：2020年2月第1版
印　　次：2021年8月第2次印刷
定　　价：35.00元